똑똑한 초등 과학 공룡

글·그림 콘텐츠랩

똑똑한 초등 과학 공룡

글·그림 콘텐츠랩

차례

티라노사우루스	6
브라키오사우루스	12
트리케라톱스	18
파키케팔로사우루스	24
스피노사우루스	30
오비랍토르	36
딜로포사우루스	42
벨로키랍토르	48
안킬로사우루스	54
스테고사우루스	60
엘라스모사우루스	66

오프탈모사우루스	72
아르켈론	78
모사사우루스	84
리오플레우로돈	90
프테라노돈	96
안항구에라	102
케찰코아틀루스	108
람포린쿠스	114
타페자라	120
틀린그림 찾기 정답	126

티라노사우루스

분류	살았던 시대	크기	먹이	이름 뜻
동물계 > 용반목 > 수각류	중생대 백악기 후기	몸길이 12~15미터, 몸무게 6~7톤	포유류, 초식공룡, 육식공룡 또는 동물의 사체 등 육식	폭군 도마뱀

내 몸길이는 12~15m로 몸무게는 무려 6~7톤이나 나가는 거대한 크기를 자랑하지!

큼직

무게: 약 6톤

우람

길이: 약 13m

그리고 무려 1.2m에 달하는 나의 두개골은 상대에게 굉장한 위압감을 준다고!

또 나의 굵은 꼬리는

굵직

몸의 균형을 잡아주는 역할도 하지만

<틀린 그림 찾기> 두 그림의 다른 부분 5곳을 찾아 동그라미 해보세요.

브라키오사우루스

분류	살았던 시대	크기	먹이	이름 뜻
동물계 > 용반목 > 용각류	중생대 쥐라기 후기	몸길이 25~28미터, 몸무게 40~50톤	식물의 열매, 잎 등 초식	팔 도마뱀

<틀린 그림 찾기> 두 그림의 다른 부분 5곳을 찾아 동그라미 해보세요.

트리케라톱스

분류	살았던 시대	크기	먹이	이름 뜻
동물계 > 조반목 > 각룡류	중생대 백악기 후기	몸길이 6~9미터, 몸무게 6톤	식물의 열매, 잎, 풀 등 초식	3개의 뿔을 가진 얼굴

그러나 육식공룡 등이
공격해올 때는
크고 굵은 뿔을 앞세워
돌진해 자신을 보호했지.

덤벼!

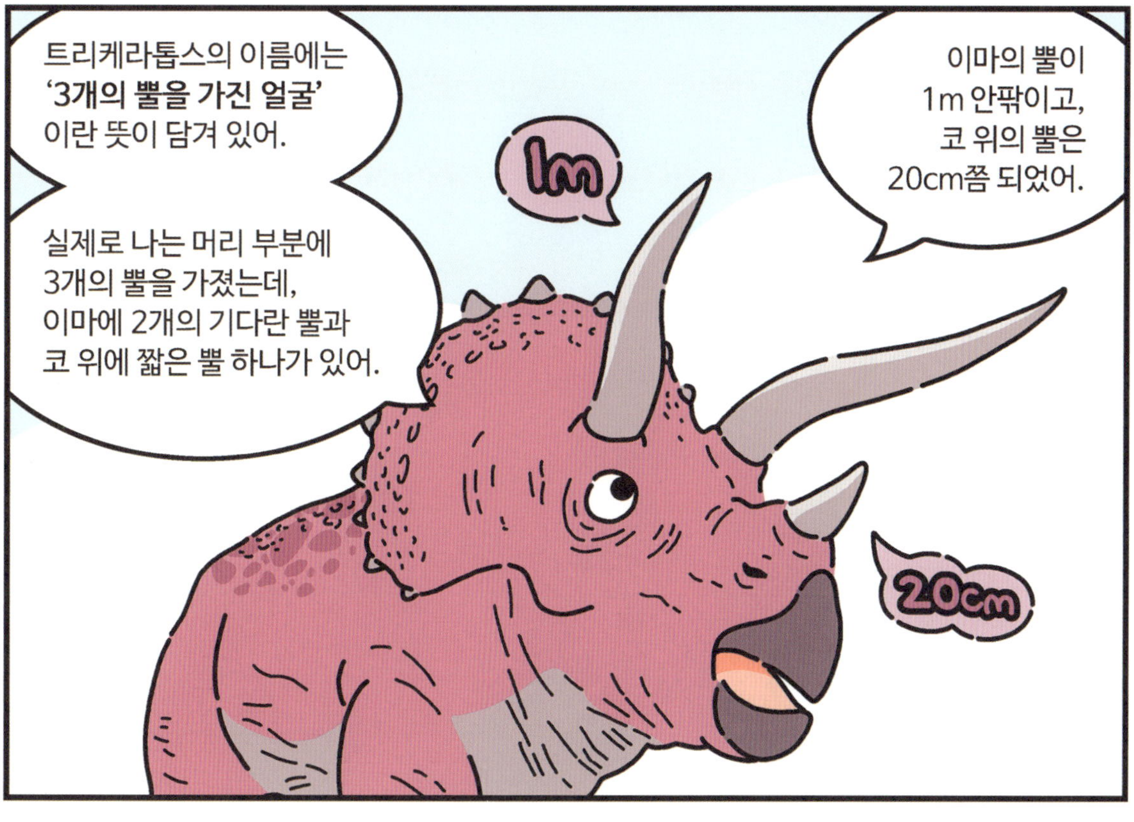

트리케라톱스의 이름에는
'3개의 뿔을 가진 얼굴'
이란 뜻이 담겨 있어.

실제로 나는 머리 부분에
3개의 뿔을 가졌는데,
이마에 2개의 기다란 뿔과
코 위에 짧은 뿔 하나가 있어.

이마의 뿔이
1m 안팎이고,
코 위의 뿔은
20cm쯤 되었어.

1m

20cm

<틀린 그림 찾기> 두 그림의 다른 부분 5곳을 찾아 동그라미 해보세요.

파키케팔로사우루스

분류	살았던 시대	크기	먹이	이름 뜻
동물계 > 조반목 > 각룡류	중생대 백악기 후기	몸길이 4~5미터, 몸무게 500킬로그램 ~1톤	식물의 열매, 잎, 풀 등 초식	머리가 두꺼운 도마뱀

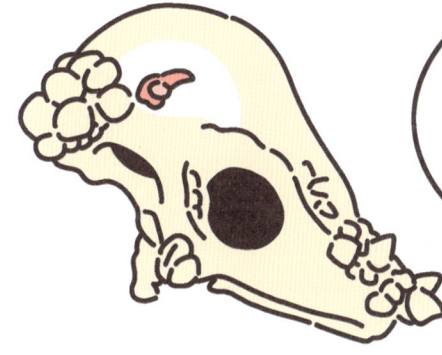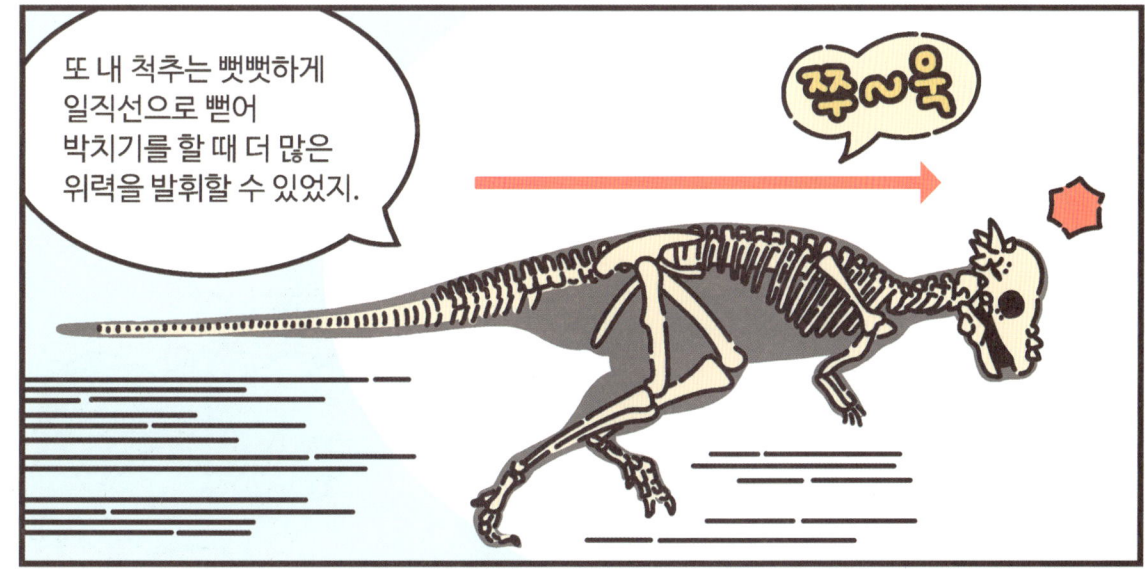

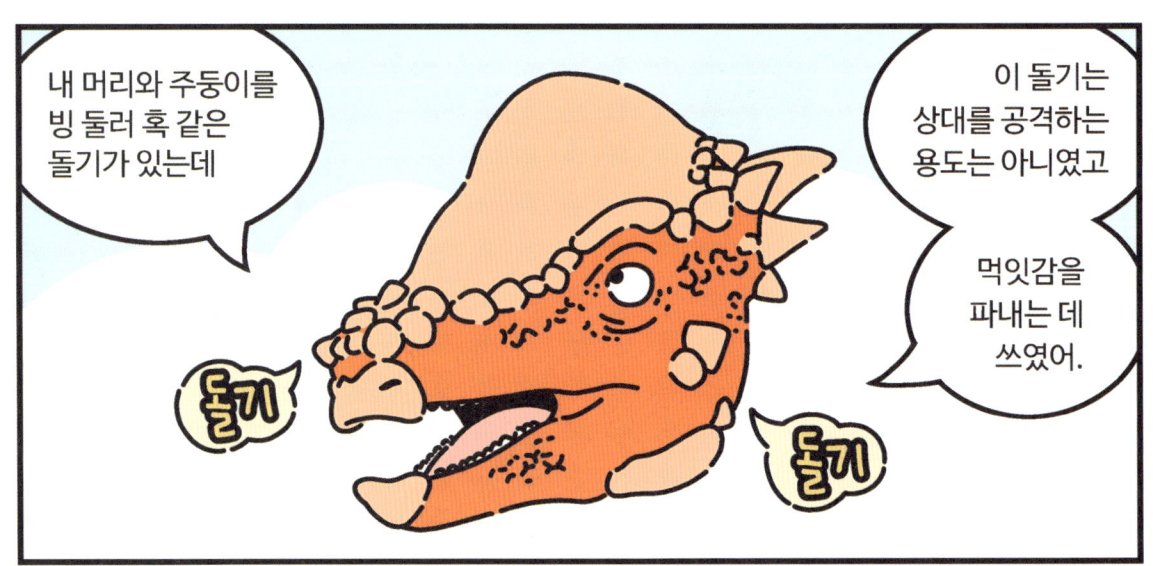

<틀린 그림 찾기> 두 그림의 다른 부분 5곳을 찾아 동그라미 해보세요.

스피노사우루스

분류	살았던 시대	크기	먹이	이름 뜻
동물계 > 용반목 > 수각류	중생대 백악기 전기	몸길이 12~18미터, 몸무게 9톤	물고기 또는 동물의 사체 등 육식	가시 도마뱀

<틀린 그림 찾기> 두 그림의 다른 부분 5곳을 찾아 동그라미 해보세요.

오비랍토르

분류	살았던 시대	크기	먹이	이름 뜻
동물계 > 용반목 > 수각류	중생대 백악기 후기	몸길이 2미터, 몸무게 40킬로그램	작은 파충류, 곤충 같은 육식을 비롯해 과일 등	알 도둑

<틀린 그림 찾기> 두 그림의 다른 부분 5곳을 찾아 동그라미 해보세요.

딜로포사우루스

분류	살았던 시대	크기	먹이	이름 뜻
동물계 > 용반목 > 수각류	중생대 쥐라기 전기	몸길이 6미터, 몸무게 400~450 킬로그램	작은 포유류 등 육식	2개의 볏을 가진 도마뱀

꿀꺽
뒷다리에는
날카로운 발톱이 있어서
사냥감을 제압하고
분해할 때 효과적이었지.
맛있겠당

하지만 난 턱뼈가
약하고 이빨이
가늘기 때문에
나보다 몸집이
큰 동물들은
잡아먹지 못했어.
그림의
떡이네

<틀린 그림 찾기> 두 그림의 다른 부분 5곳을 찾아 동그라미 해보세요.

벨로키랍토르

분류	살았던 시대	크기	먹이	이름 뜻
동물계 > 용반목 > 수각류	중생대 백악기 후기	몸길이 1.8~3미터, 몸무게 20~40 킬로그램	포유류, 파충류 등 육식	날렵한 사냥꾼

포유류를 비롯해, 다양한 파충류들을 주요 먹잇감으로 삼았는데

오늘은 포식이다!

내가 비록 몸집은 작아도 다른 공룡들을 공격할 만큼 사나웠지.

내 앞발과 뒤발에는 18cm나 되는 갈고리 모양의 발톱이 있는데

적과 싸우거나 사냥할때 아주 훌륭한 무기가 되었어.

촤악!

위협적

<틀린 그림 찾기> 두 그림의 다른 부분 5곳을 찾아 동그라미 해보세요.

안킬로사우루스

분류	살았던 시대	크기	먹이	이름 뜻
동물계 > 조반목 > 곡룡류	중생대 백악기 후기	몸길이 4~6미터, 몸무게 3~5톤	높지 않은 곳에 위치한 식물의 열매, 잎, 풀 등 초식	융합된 도마뱀

<틀린 그림 찾기> 두 그림의 다른 부분 5곳을 찾아 동그라미 해보세요.

스테고사우루스

분류	살았던 시대	크기	먹이	이름 뜻
동물계 > 조반목 > 검룡류	중생대 쥐라기 후기	몸길이 5~9미터, 몸무게 2톤 안팎	낮은 곳의 수풀과 관목 등 초식	지붕을 가진 도마뱀

<틀린 그림 찾기> 두 그림의 다른 부분 5곳을 찾아 동그라미 해보세요.

엘라스모사우루스

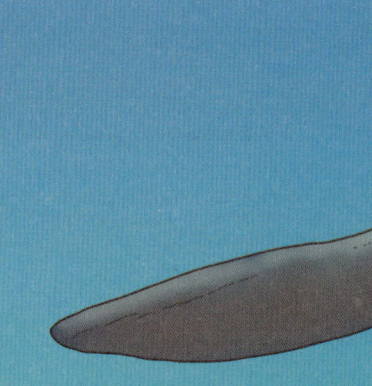

분류	살았던 시대	크기	먹이	이름 뜻
동물계 > 해양파충류 > 수장룡	중생대 백악기 후기	몸길이 13~16미터	물고기, 두족류, 익룡 등 육식	장갑 도마뱀

<틀린 그림 찾기> 두 그림의 다른 부분 5곳을 찾아 동그라미 해보세요.

오프탈모사우루스

분류	살았던 시대	크기	먹이	이름 뜻
동물계 > 해양파충류 > 어룡	중생대 쥐라기 후기	몸길이 3~4미터, 몸무게 500킬로그램~1톤	물고기, 오징어, 암모나이트 등 육식	눈 도마뱀

<틀린 그림 찾기> 두 그림의 다른 부분 5곳을 찾아 동그라미 해보세요.

아르켈론

분류	살았던 시대	크기	먹이	이름 뜻
동물계 > 해양파충류 > 거북	중생대 백악기 후기	몸길이 3~5미터, 몸무게 2톤 안팎	죽은 해양 동물, 해조류, 해파리 등	원시 거북 또는 다스리는 거북

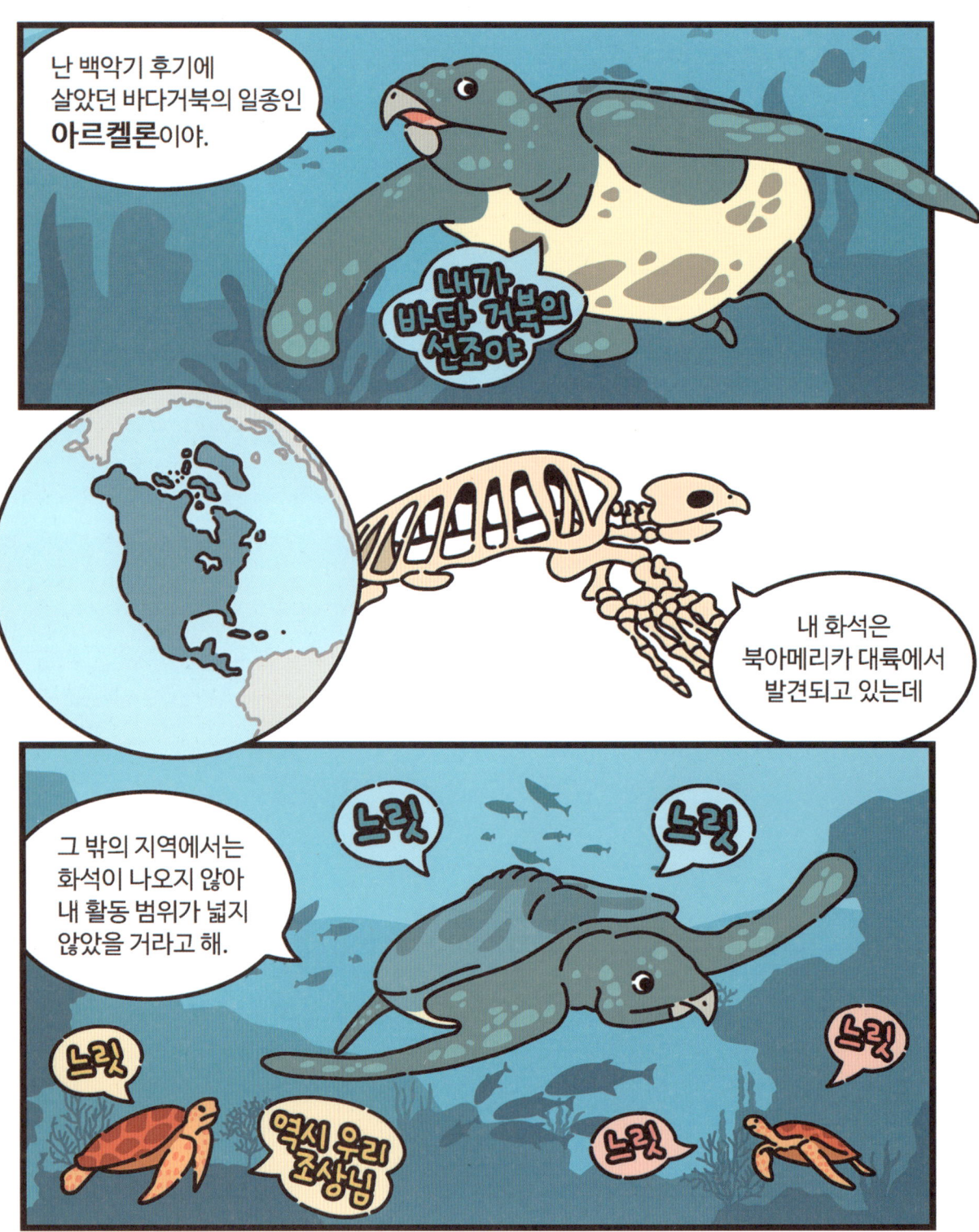

<틀린 그림 찾기> 두 그림의 다른 부분 5곳을 찾아 동그라미 해보세요.

모사사우루스

분류	살았던 시대	크기	먹이	이름 뜻
동물계 > 해양파충류 > 유린목	중생대 백악기 후기	몸길이 10~20미터	물고기, 거북, 두족류, 어룡 등 육식	뮤즈의 도마뱀

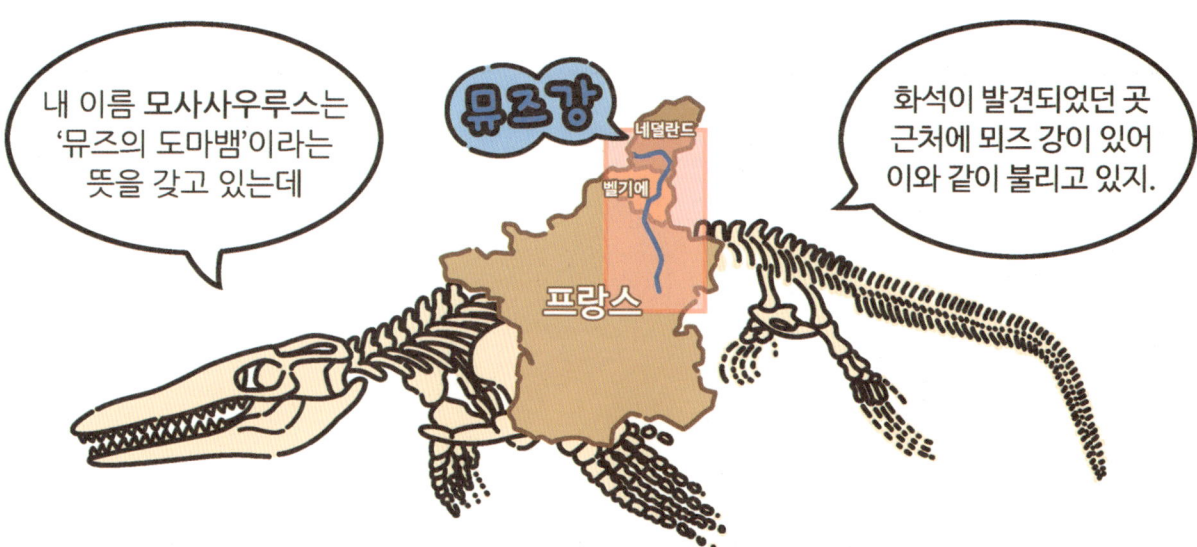

*뮤즈강: 프랑스, 벨기에, 네덜란드를 지나는 총길이 925km의 강이다.

<틀린 그림 찾기> 두 그림의 다른 부분 5곳을 찾아 동그라미 해보세요.

리오플레우로돈

분류	살았던 시대	크기	먹이	이름 뜻
동물계 > 해양파충류 > 수장룡	중생대 쥐라기 중기~후기	몸길이 5~7미터, 몸무게 500~700킬로그램	물고기, 두족류, 작은 어룡 등 육식	매끈한 옆면을 가진 이빨

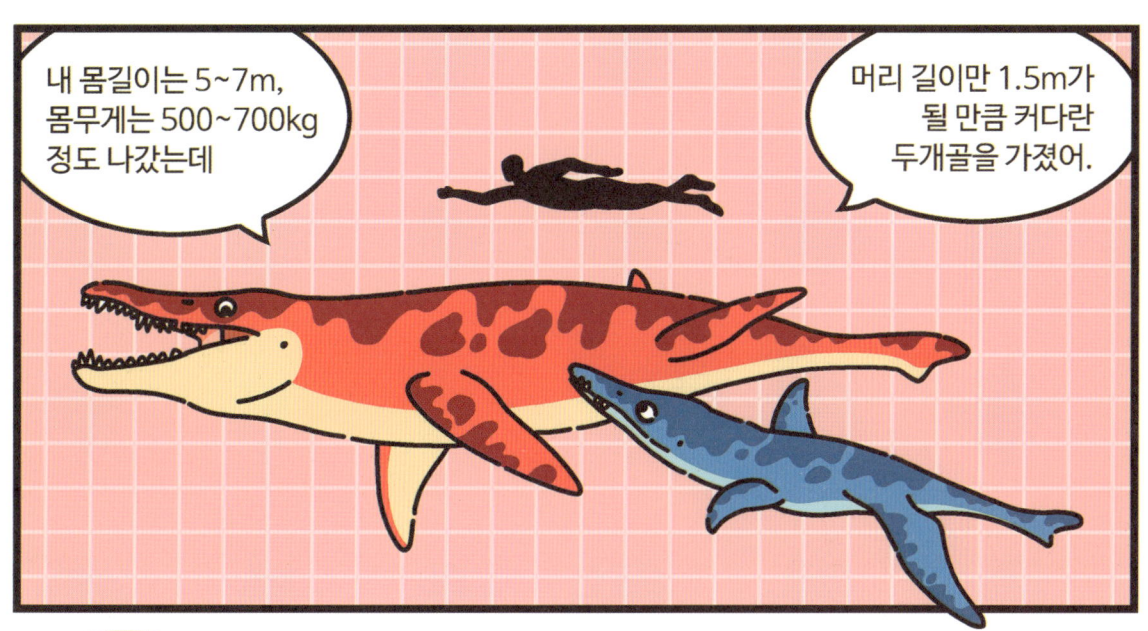

<틀린 그림 찾기> 두 그림의 다른 부분 5곳을 찾아 동그라미 해보세요.

프테라노돈

분류	살았던 시대	크기	먹이	이름 뜻
동물계 > 익룡목 > 프테로닥틸로이드류	중생대 백악기 후기	날개폭 7~8미터, 몸무게 20킬로그램	물고기, 조개류 등 육식	이빨 없는 날개

<틀린 그림 찾기> 두 그림의 다른 부분 5곳을 찾아 동그라미 해보세요.

안항구에라

분류	살았던 시대	크기	먹이	이름 뜻
동물계 > 익룡목 > 프테로닥틸로이드류	중생대 백악기 후기	날개폭 4~5미터, 몸무게 25킬로그램 안팎	물고기 등 육식	옛날 악마

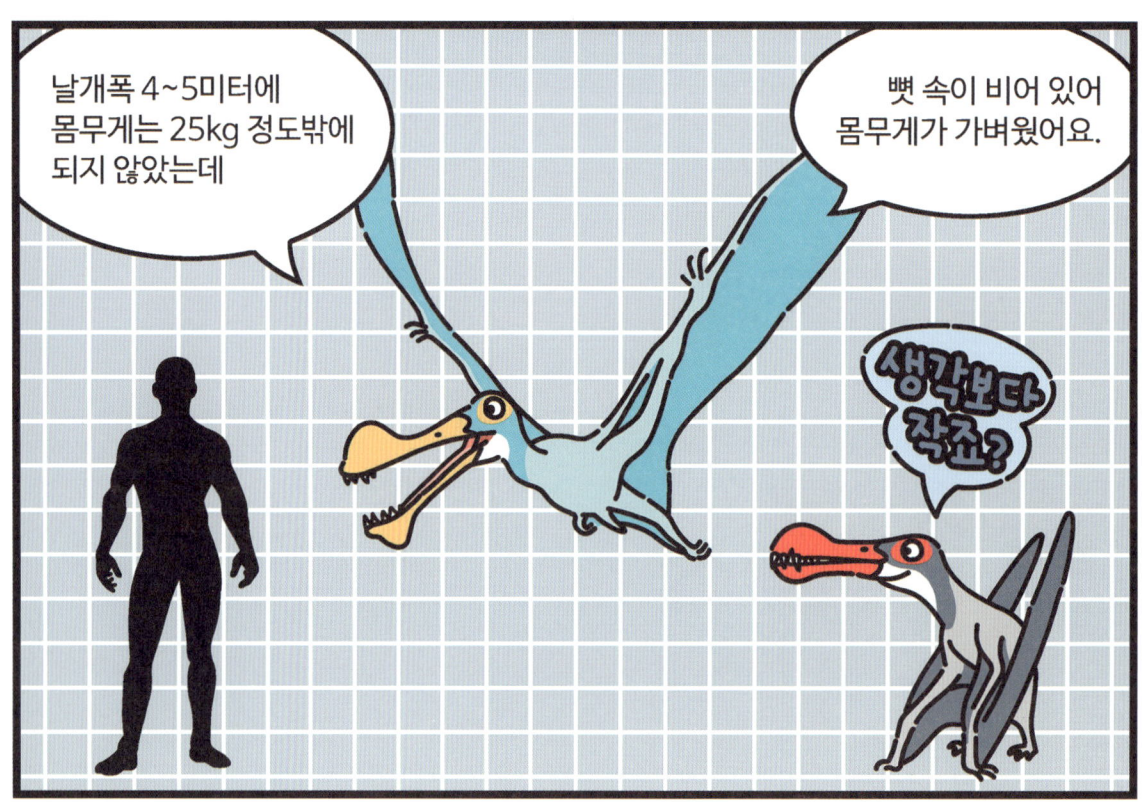

<틀린 그림 찾기> 두 그림의 다른 부분 5곳을 찾아 동그라미 해보세요.

케찰코아틀루스

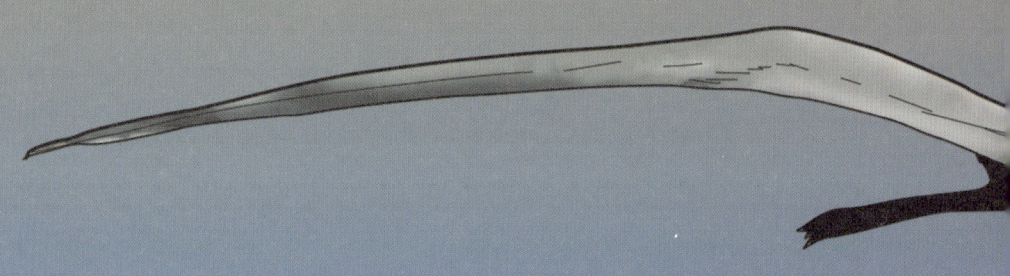

분류	살았던 시대	크기	먹이	이름 뜻
동물계 > 익룡목 > 프테로닥틸로이드류	중생대 백악기 후기	날개폭 11~13미터, 몸무게 80~90킬로그램	물고기, 동물의 사체 등 육식	날개를 가진 뱀

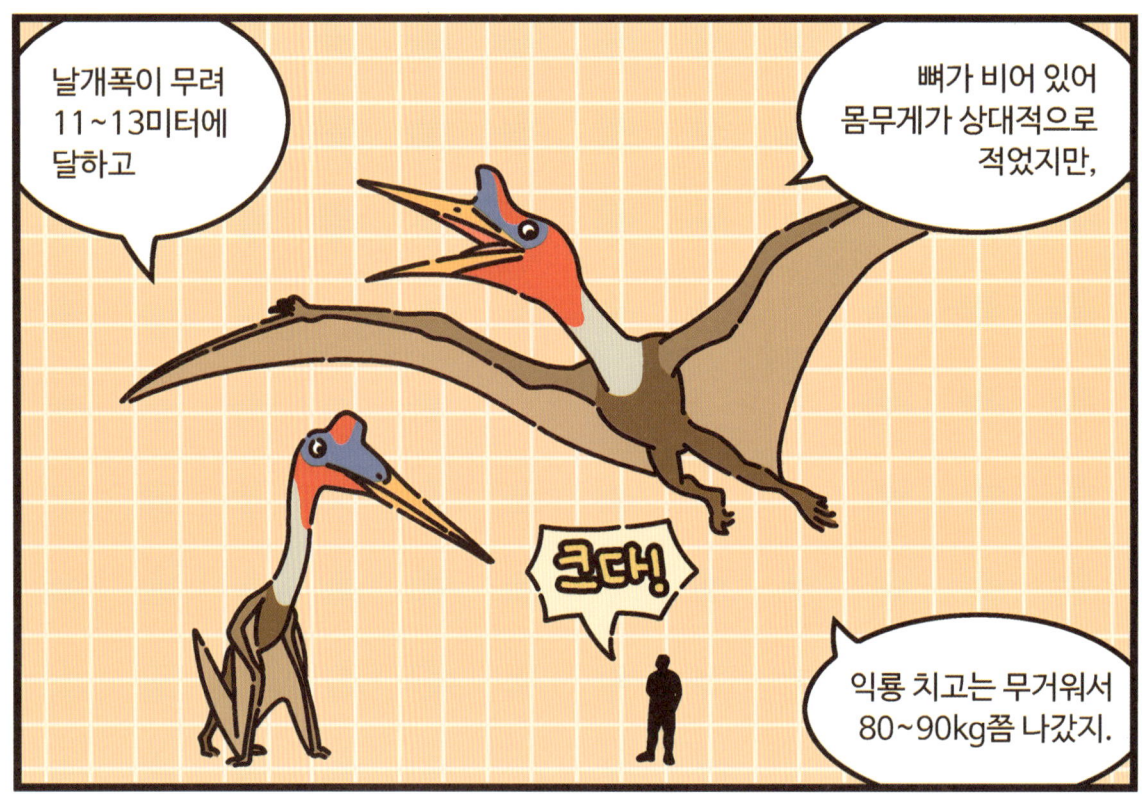

<틀린 그림 찾기> 두 그림의 다른 부분 5곳을 찾아 동그라미 해보세요.

람포린쿠스

분류	살았던 시대	크기	먹이	이름 뜻
동물계 > 익룡목 > 람포린코이드류	중생대 쥐라기 후기	날개폭 1미터 안팎	물고기 등 육식	부리 주둥이

<틀린 그림 찾기> 두 그림의 다른 부분 5곳을 찾아 동그라미 해보세요.

타페자라

분류	살았던 시대	크기	먹이	이름 뜻
동물계 > 익룡목 > 프테로닥틸로이드류	중생대 백악기 전기	날개폭 5미터, 몸무게 50킬로그램 안팎	물고기 등 육식	오래된 존재

<틀린 그림 찾기> 두 그림의 다른 부분 5곳을 찾아 동그라미 해보세요.

정답

두 그림의 다른 부분 5곳을 모두 다 잘 찾았나요?
아직 못 찾은 부분이 있다면, 정답을 확인하기 전에 다시 한번 찾아보세요!

11쪽 티라노사우루스

17쪽 브라키오사우루스

23쪽 트리케라톱스

29쪽 파키케팔로사우루스

35쪽 스피노사우루스

41쪽 오비랍토르

정답

두 그림의 다른 부분 5곳을 모두 다 잘 찾았나요?
아직 못 찾은 부분이 있다면, 정답을 확인하기 전에 다시 한번 찾아보세요!

47쪽 딜로포사우루스

53쪽 벨로키랍토르

59쪽 안킬로사우루스

65쪽 스테고사우루스

71쪽 엘라스모사우루스

77쪽 오프탈모사우루스

정답

두 그림의 다른 부분 5곳을 모두 다 잘 찾았나요?
아직 못 찾은 부분이 있다면, 정답을 확인하기 전에 다시 한번 찾아보세요!

83쪽 아르켈론

89쪽 모사사우루스

95쪽 리오플레우로돈

101쪽 프테라노돈

107쪽 안항구에라

113쪽 케찰코아틀루스

정답

두 그림의 다른 부분 5곳을 모두 다 잘 찾았나요?
아직 못 찾은 부분이 있다면, 정답을 확인하기 전에 다시 한번 찾아보세요!

119쪽 람포린쿠스

125쪽 타페자라

똑똑한 초등 과학 공룡

초판 인쇄 2024년 10월 10일
초판 발행 2024년 10월 15일

글·그림 콘텐츠랩
펴낸이 진수진
펴낸곳 브레인나무

주소 경기도 고양시 일산서구 대산로 53
출판등록 2013년 5월 30일 제2013-000078호
전화 031-911-3416
팩스 031-911-3417

* 본 도서는 무단 복제 및 전재를 법으로 금합니다.
* 가격은 표지 뒷면에 표기되어 있습니다.